BEI GRIN MACHT SICH IHR WISSEN BEZAHLT

- Wir veröffentlichen Ihre Hausarbeit,
  Bachelor- und Masterarbeit

- Ihr eigenes eBook und Buch -
  weltweit in allen wichtigen Shops

- Verdienen Sie an jedem Verkauf

Jetzt bei www.GRIN.com hochladen
und kostenlos publizieren

Bibliografische Information der Deutschen Nationalbibliothek:

Die Deutsche Bibliothek verzeichnet diese Publikation in der Deutschen National-
bibliografie; detaillierte bibliografische Daten sind im Internet über http://dnb.d-
nb.de/ abrufbar.

Impressum:

Copyright © 2007 GRIN Verlag, Open Publishing GmbH
Druck und Bindung: Books on Demand GmbH, Norderstedt Germany
ISBN: 9783640494484

Marcel Demuth

Industrielle Standortwahl nach A. Weber

GRIN Verlag

Inhaltsverzeichnis

Abbildungsverzeichnis

1 Kurzbiographie

Alfred Weber entwickelte die Theorie der industriellen Standortwahl von Einzelbetrieben. Der Professor, welcher an der Universität Heidelberg tätig war, veröffentlichte 1909 diese Theorie in seinem Werk „Über die Standorte der Industrie". Der am 30. Juli 1868 in Erfurt geborene A. Weber erarbeitete damit die erste systematische Darstellung einer Industriestandorttheorie (SCHÄTZL 2003, S. 38). Der deutsche Nationalökonom, Soziologe und Kulturphilosoph legte somit den Grundstein für weitere Standorttheorien. Er verstarb im Alter von 89 Jahren am 2. Mai 1958 in Heidelberg (http://de.wikipedia.org/wiki/Alfred_Weber).

2 Grundannahmen und Kernaussagen der Weber´schen Theorie

In dieser Arbeit soll ein Überblick über die Methoden, Kriterien und Annahmen verschaffen werden, nach welchen Professor Weber seine Theorie entwickelte. Allgemein ist zu sagen, dass er diese auf dem deduktiven Weg erarbeitete (KULKE 2004, S. 66). In dieser Theorie wird unter dem betriebswirtschaftlichen Aspekt des optimalen Standortes für ein industrielles Einzelunternehmen die Standortfrage behandelt (SCHÄTZL 2003, S. 38). Weber geht dabei in drei sukzessiven Schritten vor. Zu Beginn ermittelt A. Weber den Standort minimaler Transportkosten und überprüft diesen anschließend auf eventuelle Abweichungen aufgrund von Arbeitskosten- und Agglomerationsvorteilen. Die Transportkosten, die Arbeitskosten und die Agglomerationswirkung sind folglich die drei beeinflussenden Standortfaktoren bei der Ermittlung des optimalen Standortes. Dabei sind die Transportkosten die zentrale Größe bei der Bestimmung des Standortes. Die zwei weiteren Faktoren dienen als eventuelle Korrekturgrößen (BATHELT 2002, S. 124).

Weber bediente sich bei der Aufstellung seiner Hypothese der Methode der isolierten Abstraktion. Diese Methode beinhaltet die Festlegung vereinfachter Annahmen. Einige der wichtigsten Grundannahmen sind ein einheitliches Transportsystem, immobile Arbeitskräfte, konstantes Lohnniveau, welches sich aber räumlich differenziert, sowie die Homogenität des kulturellen, politischen und wirtschaftlichen Systems. Die wichtigste Annahme ist das Auftreten des Unternehmers als „homo oeconomics". Dies ist ein Typ eines unternehmerischen Entscheidungsträgers, der folgende allgemeine Eigenschaften besitzt: Er handelt rational nach ökonomischen Prinzipien und hat ein widerspruchsfreies Zielsystem. Des Weiteren ist eine vollständige Markttransparenz gegeben. Im speziellen Fall der

Industriestandortwahl strebt der Unternehmer nach Kostenminimierung. Dem Unternehmer sind Standorte der Rohstofflagerstätten, des Konsumortes sowie die räumliche Verteilung der Arbeitskräfte bekannt. Obendrein gibt es weitere Restriktionen, die jedoch eine sekundäre Rolle spielen (SCHÄTZL 2003, S. 38).

Um einige dieser Vereinfachungen und die Grundidee von Weber nachvollziehen zu können, muss man die industrielle Situation jener Zeit betrachten, in der Weber seine Theorie erarbeitete. Dies entsprach etwa dem Zeitraum von 1870 bis zum Ersten Weltkrieg. Zu dieser Zeit dominierte vor allem die Eisen- und Stahlindustrie, die sich stark an den Standortfaktoren Rohstoffe und Energieversorgung orientierten. Die Hauptverkehrswege waren Wasserstraßen und Bahnlinien. Des Weiteren waren Unternehmen nicht darauf angewiesen, den Produktionsort dorthin zu verlagern, wo Arbeitskräfte vorhanden waren. Das Gegenteil war der Fall. Die Produktionsorte zogen die Arbeitskräfte an, wie es beispielsweise im Ruhrgebiet zu beobachten war. Darüber hinaus gab es keine „Konsumgesellschaft", wie es heute der Fall ist. Dem zufolge hatte der Absatz kaum Gewicht, zumal es ohnehin keine Absatzprobleme gab (BRÜCHER 1982, S. 37).

3 Unterteilung und Charakterisierung der verwendeten Materialien

Bevor man sich der Betrachtung der drei angesprochenen Schritte der Standortwahl zuwendet, ist eine Klassifikation der bei der Produktion eingesetzten Materialien zwingend erforderlich. Das Vorkommen und die Gewichtseigenschaften der verwendeten Materialen beeinflussen sehr stark die Transportkosten. Da diesen die zentrale Rolle bei der Ermittlung des optimalen Standortes zukommt, haben die verwendeten Materialien ebenso einen hohen Bedeutungswert. Die verwendeten Materialien werden nach ihrer räumlichen Verteilung in zwei Gruppen unterteilt (KULKE 2004, S. 67). Zum Ersten in Materialien, die überall frei verfügbar sind und zum Zweiten in Materialien, deren Gewinnung an bestimmte Standorte gebunden ist. Materialien, deren Gewinnung an keine Standorte gebunden ist, werden als Ubiquitäten bezeichnet. Die Materialien der zweiten Gruppe werden als lokalisierte Materialien bezeichnet und sind, wie es der Name vermuten lässt, bei ihrer Gewinnung an eine bestimmte Lokalität gebunden. In der Gruppe der lokalisierten Materialien wird eine weitere Unterteilung in zwei unterschiedliche Arten getroffen. Der Ausgangspunkt ist der Verarbeitungsprozess. Es wird differenziert zwischen Material, welches mit dem kompletten Gewicht in das Fertigerzeugnis eingeht und jenem Material, das gewichtsmäßig nur zum Teil in das Fertigerzeugnis eingeht. Diese zwei Arten der lokalisierten Materialien werden als

Reingewichtsmaterialien (Bsp. Edelmetalle) und Gewichtsverlustmaterialien bezeichnet. Die Gewichtsverlustmaterialien lassen sich abermals in Totalgewichtsverlustmaterialien und Teilgewichtsverlustmaterialien klassifizieren. Diese Bezeichnungen beschreiben zum Ersten Materialien, die gewichtsmäßig nicht in das Fertigerzeugnis eingehen (Bsp. Energieträger)und zum Zweiten Materialien, die nur zum Teil in das Fertigerzeugnis eingehen (Bsp. Erze) (SCHÄTZL 2003, S. 39).

4 Transportkostenminimalpunkt, Standortdreieck, Varignonsches Gestell

Die Ermittlung des Transportkostenminimalpunktes stellt den ersten von drei Schritten zur Standortbestimmung nach der Theorie von Alfred Weber dar. Aufgrund der aufgestellten Vereinfachungen werden die Transportkosten von zwei wesentlichen Faktoren beeinflusst. Der erste Faktor ist das Gewicht der Materialien, die in der Produktion eingesetzt werden und zum Produktionsort transportiert werden müssen und das Gewicht des Fertigerzeugnisses, welches von dem Produktionsort zum Konsumort transportiert werden muss. Die dabei zurückgelegte Entfernung stellt den zweiten Faktor dar, welcher auf die Transportkosten einwirkt. Durch die Kombination der beiden Elemente Entfernung und Gewicht leitet sich ein einfacher Kostenindex ab, der sogenannte Tonnenkilometer. Daher kann man den Transportkostenminimalpunkt ebenso als tonnenkilometrischer Minimalpunkt angeben. Dieser Punkt ist jener Ort, an dem die Transportkosten der eingesetzten Materialien zum Produktionsort und des Fertigerzeugnis zum Konsumort am geringsten sind (DICKEN / LLOYD 1999, S. 74-75). Die zu Beginn aufgestellten Vereinfachungen lassen nun folgende Aussagen zu, die bei der Berechnung des Transportkostenminimal-punktes eine Rolle spielen. Der betrachtete Industrie-betrieb setzt nur zwei unterschiedliche Materialien ein. Das daraus produzierte Fertigerzeugnis wird an einem einzigen Konsumort abgesetzt. Diese drei Punkte spannen geometrisch ein Dreieck im Raum auf, welches als Standortdreieck bezeichnet wird. In der Abbildung 1 ist ein solches Standortdreieck abgebildet. Dort sind die jeweiligen Materiallager sowie der Konsumort dargestellt. In dem von diesem Dreieck abgegrenzten Raum

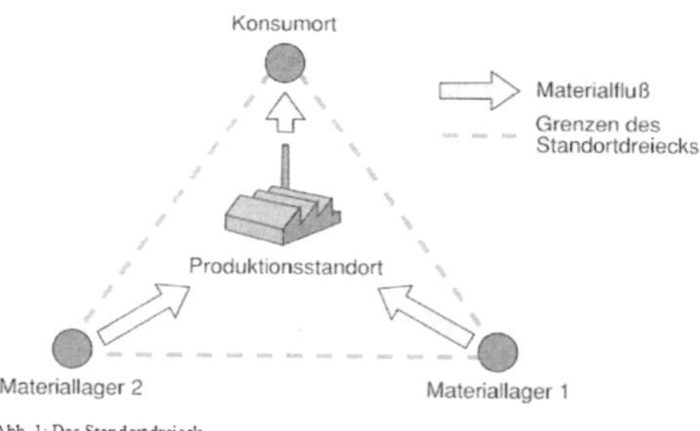

Abb. 1: Das Standortdreieck
Quelle: REICHART., Baustein der Wirtschaftsgeographie, S. 45 Abb. II-6

befindet sich der optimale Produktionsort. In Abhängigkeit der verwendeten Materialien wird der optimale Produktionsstandort, der Transportkostenminimalpunkt, ermittelt. Allgemein lassen sich bei folgenden Materialienkombinationen künftige Aussagen machen. Sind die beiden verwendeten Materialien Ubiquitäten, entspricht der optimale Produktionsort dem Konsumort. Da diese Materialien überall frei verfügbar sind, würden jede anfallenden Transportkosten zusätzliche Kosten darstellen. Die Annahme des homo oeconomics und das daraus folgende kostenminimierende Verhalten lassen dies nicht zu. Werden zwei Reingewichtsmaterialien verwendet, ist der optimale Produktionsort wiederrum der Konsumort, da dort die aufgebrachten Transportkosten am geringsten sind. Werden in einer Produktion dagegen Gewichtsverlustmaterialien eingesetzt, ist der optimale Produktionsort nicht am Konsumort zu wählen. Je größer der Anteil von diesen Materialien in der Produktion ist, desto mehr verlagert sich der Produktionsort in Richtung des entsprechenden Fundortes (BATHELT 2002, S. 125).

Mittels der folgenden Abbildungen soll dies anschaulich verdeutlicht werden. In Abbildung 2 und 3 ist der Transportkostenminimalpunkt P, der den Standort der Produktions darstellt, abgebildet. Außerdem sind die Standort der in der Produktion verwendeten Gewichts-verlustmaterialien M_1 und M_2, sowie der Konsumort ersichtlich. Sie spannen ein Standortdreieck auf. Wie zu sehen ist, befindet sich der Produktionsort nicht am Konsumort K, sondern liegt näher an den Fundorten M_1 und M_2. Die Berechnung dieses Punktes ist, wie Bathelt (2002 S. 125) es bezeichnet, mathematisch gesehen ein nicht-lineares Optimierungsproblem. Diese mathematische Lösung ist sehr kompliziert, daher sollte der optimale Standort mittels geometrischer (Kräfteparallelogramm) oder mechanischer (Varignonschen Gestell) Methoden ermittelt werden (SCHÄTZL 2003, S. 42). Die mechanische Methode wird im späteren Teil

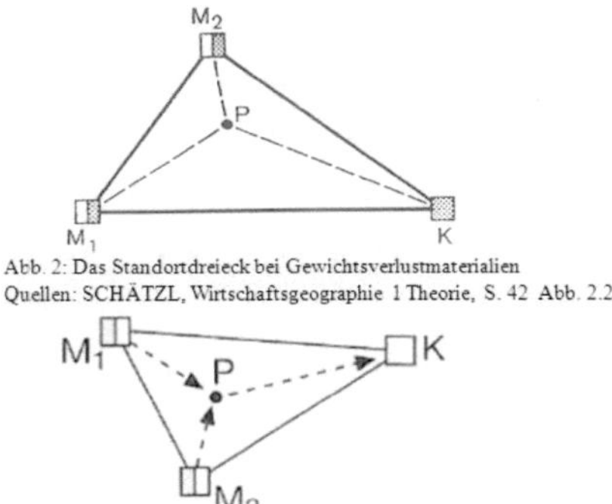

Abb. 2: Das Standortdreieck bei Gewichtsverlustmaterialien
Quellen: SCHÄTZL, Wirtschaftsgeographie 1 Theorie, S. 42 Abb. 2.2

Abb. 3: Das Standortdreieck bei Gewichtsverlustmaterialien
Quelle: KULKE, Wirtschaftsgeographie, S. 67 Abb. M 4-1

der Arbeit noch ausführlicher betrachtet. Die in Abbildungen 4 und 5 dargestellten Standortdreiecke ergeben sich bei der Verwendung von zwei Reingewichtsmaterialen. Wie zu erkennen, befindet sich der Transportkostenminimalpunkt am Konsumort (K=P). Um dies noch besser zu verdeutlicher wird unter Verwendung der in Abbildung 4 angegeben Zahlen folgenden Rechnungen zur Ermittlung des tonnenkilometrischen Minimalpunkt getätig. Es gibt theoretisch drei verschiedene Möglichkeiten der Produktion und zwar M_1, M_2 und K.

<u>Fall 1</u>

Wird am Fundort M_1 produziert, muss M_2 dorthin transpotiert werden. Nachdem das Fertigerzeugnis produziert würde, muss es zum Konsumort K transportiert werden. Daraus ergibt sich folgende Berechnung der Transportkosten, die in diesem Fall nicht in monitäre Einheiten ausgedrückt werden, sondern in dem Kostenindex Tonnenkilometer. Die Annahme der konstanten Transportkosten macht dies möglich.

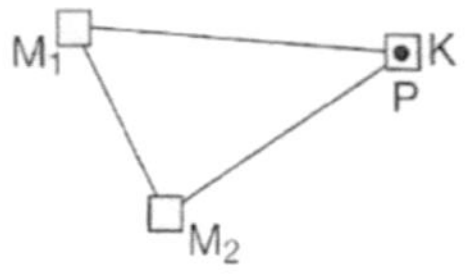

Abb. 5: Das Standortdreieck bei Reingewichtsmaterialien
Quelle: KULKE, Wirtschaftsgeographie, S. 67 Abb. M 4-1

Transport M_2 zu M_1 10t x 60km = 600tkm
Transport M_2 zu K   20t x 100km= <u>2000tkm</u>
<u>2600tkm</u>

<u>Fall 2</u>

Befindet sich der Produktionsort am Fundort M_2, muss M_1 dorthin transportiert werden. Das Fertigerzeugnis muss nach der Fertigstellung wiederum zum Konsumort transportiert werden.

Transport M_1 zu M_2 10t x 60km = 600tkm
Transport M_1 zu K   20t x 80km =<u>1600tkm</u>
<u>2200tkm</u>

<u>Fall 3</u>

Werden beide Materialien zum Konsumort transportiert und dort produziert, ergibt sich folgende Rechnung.

Transport M_1 zu K   10t x 100km= 1000tkm
Transport M_2 zu K   10t x 80km = <u>800tkm</u>
<u>1800tkm</u>

Wie aus den drei verschiedenen Fallen und den daraus resultierende Tonnenkilometern ersichtlich, stellt der Konsumort den optimalsten Produktionsort dar, da dort mit 1800 tkm der niedrigste Wert errechnet wird (SCHÄTZL 2004, S. 41).

Aufgrund dieser Betrachtungen lässt sich nun die Aussage treffen, dass zwischen rohstoff- oder marktorientierten Standorten differenziert werden kann. Dies lässt sich über den Materialindex feststellen. Dieser zeigt die Richtungstendenz eines Standortes. Durch das Dividieren des Gewichtes der lokalisierter Materialen durch das Gewicht des Fertigerzeugnisses lässt sich dieser Index errechnen. Ist der Materialindex größer 1, zeigt die

Tendenz des Standortes in Richtung des Materialfundortes. Ist er jedoch kleiner 1, zeigt die Tendenz des Standortes in Richtung des Konsumortes. Ist der Materialindex dagegen gleich 1 oder gleich 0, ist der Standort der Konsumort (DICKEN / LLOYD 1999, S. 75).

Einer weitere Möglichkeit zur Ermittlung des transportkostenminimalen Punktes sah Alfred Werber in dem Varignonschen Gestell (oder Apparat). Dies ist ein mechanisches Modell und wird als eine Art Standortwaage angesehen. Die Konstruktion eines solchen Apparats ist sehr einfach, wie auch in der Abbildung 6 erkenntlich. Eine Holzplatte dient als Ebene. Die Standorte der Materiallager werden als Löcher in dieser Platte dargestellt. Durch diese Löcher werden Fäden oder Drähte gezogen und an der Oberseite in einem Knoten miteinander verbunden. Die Materialgewichte werden durch entsprechende Gewichte an den Fadenenden „simuliert". Es kommt zum Ausgleichen der Kräfte, was sich durch ein Verschieben des Knoten äußert. Dort, wo der Knoten seinen Ruhepunkt hat, befindet sich der optimale Produktionsort. Allerdings muss man beachten, dass die Transportwege, die durch die Fäden dargestellt werden, linear sind. Sie sind die kürzeste Verbindung zwischen zwei Punkten und setzt ein lineares Transportwesen voraus, wie es beispielsweise der Flugverkehr vorweist. Zu Zeiten Webers spielte diese Transportart jedoch keine Rolle. Bei den angesprochenen historischen Hintergründen würde der hohe Stellenwert von Bahnlinien und Wasserstraßen angesprochen. Diesen Transportarten kann eine relative Linearität anerkannt werden. Mit Hilfe dieses Modells kann man auch

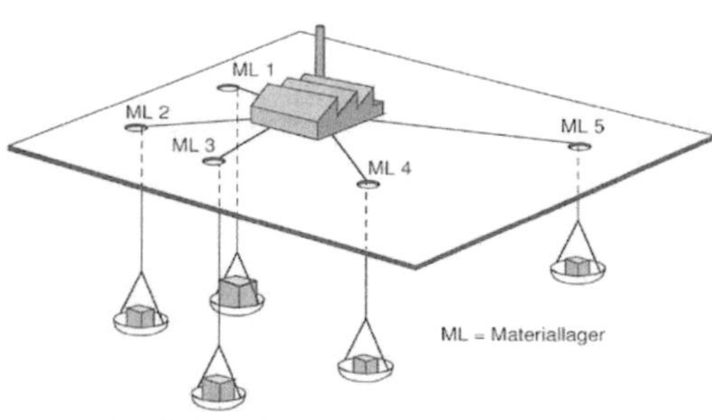

Abb. 6: Das Varignonsche Gestell
Quelle: REICHART, Baustein der Wirtschaftsgeographie, S. 44 Abb. II-5

komplexere Produktionsweisen mit mehr als zwei Materialen darstellen, was in Abbildung 6 ebenfalls zu erkennen ist. Dort sind fünf verschieden Materiallager und ein Produktionsort dargestellt (REICHART 1999, S. 44-45).

5 Lohnkosteneinfluss, Agglomerationsvorteil

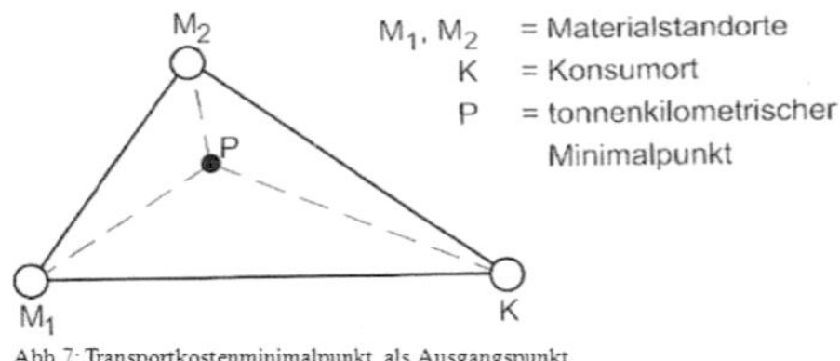

Abb.7: Transportkostenminimalpunkt als Ausgangspunkt
Quelle: BATHELT / GLÜCKLER, Wirtschaftsgeographie, S. 125 Abb. 41

Nachdem Weber im ersten Schritt den Transportkostenminimalpunkt ermittelt hat, untersucht er im zweiten Schritt den Einfluss des Standortfaktors „Arbeitskosten" auf diesen Optimalpunkt. Die zu Beginn aufgestellte Vereinfachung des konstanten, aber räumlich differenzierten Lohnniveaus ist die Grundlage für die weiteren Überlegungen. Ausgehend von dem in Abbildung 7 dargestellten Transport-kostenminimalpunkt P kommt eine Standortänderung nur in Frage, wenn die zusätzlich anfallenden Transportkosten durch die Einsparung von Arbeitskosten kompensiert werden. Das bedeutet, dass ein neuer Standort definitiv ein niedrigeres Lohnniveau haben muss. Um einen solchen Punkt zu ermitteln, konstruiert Weber um die Materialfundorte und den Konsumort Kreise, welche die jeweiligen Transport-kosten der einzelnen Punkte aufzeigen. Diese Kreise sind sogenannte Isotime und sind nach Schätzl (2003 S. 43) als Linien gleicher Transport-kosten der einzelnen Produkte definiert. In der Abbildung 8 ist das ursprüngliche Standort-dreieck mit den konstruierten Isotimen dargestellt.

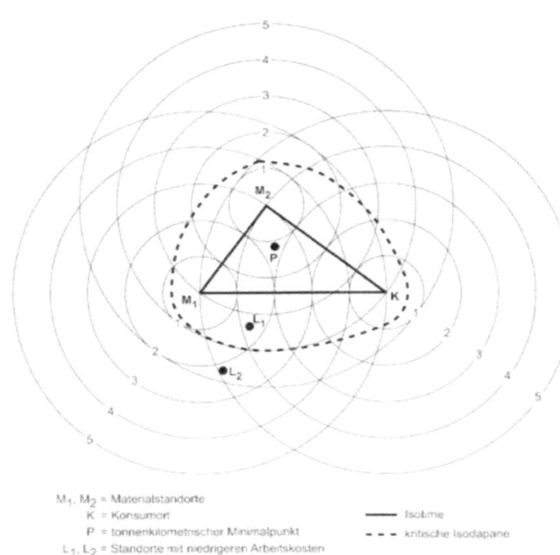

Abb. 8: Der Lohnkostenvorteil
Quelle: BATHELT / GLÜCKLER, Wirtschaftsgeographie, S. 126 Abb. 42

In dem in Abbildung 8 dargestellten Beispiel betragen die Transportkosten für den Produktionsort P sieben Kosteneinheiten. Das sind die Kosten für den Transport von M_1 und M_2 zum Produktionsort P und die Kosten für den Transport des Fertigerzeugnisses von P zu K. Nun wird die Annahme aufgestellt, das in den Punkten L_1 und L_2 die Arbeitskosten im

Vergleich zum Punkt P um drei Kosteneinheiten niedriger sind. Aufgrund dieser Annahme kann man nun die kritische Isodapane ermitteln. Isodapane werden als Linien gleicher Transportkosten aller Produkte, also sowohl Material als auch Fertigerzeugnisse, definiert. Die kritische Isodapane markiert genau jenen Bereich, in welchen die zusätzlich anfallenden Transportkosten durch die niedrigeren Arbeitskosten exakt kompensiert werden. Das bedeudet, dass all jene Punkte, die sich innerhalb dieser kritischen Isodapane befinden, einen Lohnkostenvorteil haben und somit als Alternativproduktionsstandort in Frage kommen. Im angesprochen Beispiel markiert die kritische Isodapane die Kosten von zehn Kosteneinheiten. Da sich der Punkt L_1 innerhalb der kritischen Isodapane befindet, wird dieser als neuer Produktionsstandort gewählt. Das geringere Lohnniveau gleicht die zusätzlich auftretenden Transportkosten völlig aus. Der Punkt L_2 liegt außerhalb und wird daher nicht in Betracht gezogen, da dort die Arbeitskosteneinsparungen durch die höhen Transportkosten überkompensiert werden (SCHÄTZL 2003, S. 43-44).

Im letzten Schritt überprüft Weber, ob es durch Agglomerationswirkungen zu einer weiteren Verschiebung des Produktionsstandortes kommen kann. Es wird von der Annahme ausgegangen, dass es durch eine Konzentration mehrerer Betriebe am selben Standort zu Kosteneinsparungen kommt. Diese kommen dadurch zustande, dass benachbarten Unternehmen gemeinsame Transporte von gleichen Materialien oder Fertigprodukten organisieren (BATHELT 2002, S. 127). In diesem Schritt muss Weber indessen von seiner vereinfachten Annahme des isolierten Einzelbetriebs abweichen, da es für Agglomerationswirkungen mehrere Unternehmen bedarf. Anhand eines Beispiels soll diese Aussage verdeutlicht werden. Wie in der Abbildung 9 zusehen, gibt es vier verschiedene Unternehmen, welche sich räumlich voneinander differenzieren. Durch die Annahme der

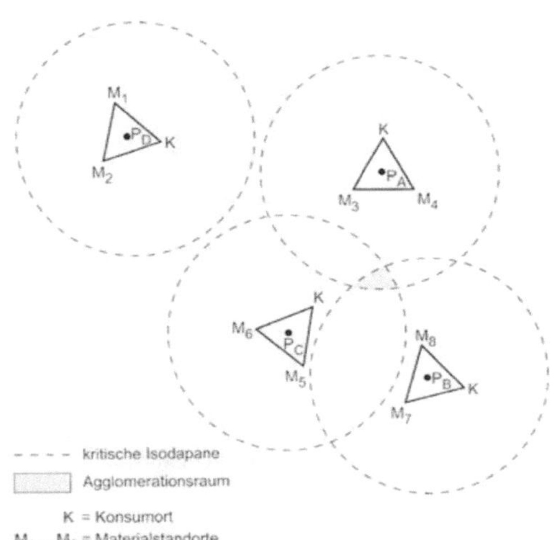

Abb. 9: Der Agglomerationsvorteil
Quelle: BATHELT / GLÜCKLER, Wirtschaftsgeographie, S. 127 Abb. 43

Kosteneinsparung durch Agglomerationswirkung, können nun ebenfalls kritische Isodapanen für jedes dieser Unternehmen konstruiert werden. Diese zeigen genau jenen Bereich, wo es trotz zusätzlicher Transportkosten zu Kosteneinsparungen durch den Agglomerationsvorteil kommt. Da es sich hierbei aber um Agglomerationswirkungen handelt und nicht um Lohnkostenvorteile, müssen sich mindestens zwei kritische Isodapane zweier Unternehmen schneiden. Wenn dies geschieht, spannen sie einen Raum auf, der als Agglomerationsraum bezeichnet wird. Nur dort ist der Agglomerationsvorteil gegeben. In der Abbildung 9 schneiden sich die kritischen Isodapanen der Unter-nehmen A, B und C. Der dort aufgespannte Agglomerationsraum ist jener Raum, welchen die drei Unternehmen als neuen Standort wählen werden. Das Unternehmen D hat keinen Agglomerations-vorteil, da seine kritische Isodapane sich mit keiner anderen schneidet (SCHÄTZL 2003, S. 45-46).

6 Kritik

Durch die drei sukzessiven Schritte, nach denen Weber vorgeht, hat man den optimalen Standort für einen industriellen Einzelbetrieb ermittelt. Jedoch gibt es einige kritische Anmerkung zu der Theorie von Alfred Weber. Diese konzentrieren sich vor allem auf die realitätsfernen, restriktiven Annahmen. Ein entscheidender Punkt sind die Transportkosten. Diese setzen sich nicht nur, wie es Weber vereinfachte, aus Gewicht und Entfernung zusammen. In der Realität können die Kosten mit zunehmender Entfernung sinken, wie man in der Abbildung 10 erkennen kann. Des Weiteren kommt es zu einer einseitigen Überbewertung der Transportkosten, zumal es auch branchenspezifische Unterschiede in der Gewichtung der Transportkosten gibt. Die Vernachlässigung der Erlösseite ist ein weiterer Kritikpunkt. Wie in den Grundannahmen genannt, geht Weber bei seinen Entscheidungsträger von einem „homo oeconomics" aus. Dieser ist kostenminimierend ausgerichtet. Jedoch setzt sich der Gewinn aus der Differenz zwischen Erlös und Kosten zusammen. Wie oben angesprochen, bleibt durch das Vernachlässigen der Erlösseite ein wichtiger Teil dieser Funktion unbeachtet (KULKE 2004, S. 69). Hinzu kommt die Annahme der unbegrenzten Verfügbarkeit der Arbeitskräfte, welche zumindest in Volkswirtschaften mit Vollbeschäftigung nicht gegeben ist. Des

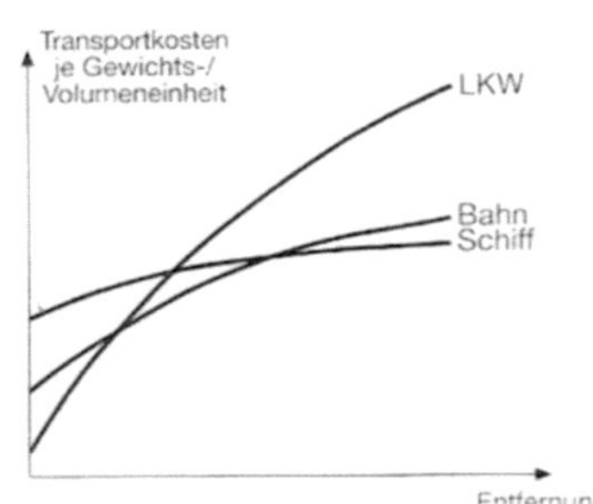

Abb. 10: Nichtlinearer Transportkostenanstieg
Quelle: KULKE, Wirtschaftsgeographie. S. 69 Abb. M 4-3

Weiteren sind die Annahmen konstanter Faktorpreise, Güterpreise und Produktionstechniken unzulässig (SCHÄTZL 2003, S. 47). Ohnehin bleiben soziale Verhältnisse und wirtschaftspolitische Faktoren unbeachtet. Infolgedessen spielt die Theorie von Weber heute nur noch eine sehr begrenzte Rolle für die Standortwahl von Industriebetrieben. Einige spezielle Gründe dafür sind unter anderem die immer geringer werdende Rolle der Transportkosten. Vor allem in Industrieländern sind Verkehrssysteme überall vorhanden. Daher sind Transportkosten für Industriebetriebe nur noch von geringem Gewicht, zumal die Schwerindustrie gegenüber der Leichtindustrie immer mehr an Bedeutung verliert. In dieser Branche spielen die Transportkosten eine noch geringere Rolle. Hinzu kommt, dass durch viele neue technische Verbesserungen die Verwendung von Rohstoffen ständig optimiert wird und somit auch in diesem Bereich die Transportkosten drastisch sinken. Außerdem wurden die zu Webers Zeiten verwendeten Rohstoffe, wie beispielsweise Kohle als Energieträger, durch wesentlich leichtere Rohstoffe, wie beispielsweise Erdgas, ersetzt (ARNOLD 1992, S. 119).

Abschließend muss man sich bei all diesen kritischen Bemerkungen und Betrachtung vor Augen führen, dass Alfred Weber selbst sein Werk und seine Theorie nur als Ausgangspunkt für die Erstellung einer umfangreicheren Industriestandorttheorie verstand (SCHÄTZL 2003, S. 47).

Literaturverzeichnis

ARNOLD, K. (1992): Wirtschaftsgeographie in Stichworten. 1. Auflage. Berlin, Stuttgart.

BATHELT, H. (2002): Wirtschaftsgeographie. Ökonomische Beziehungen in räumlichen Perspektiven. 2. Auflage. Stuttgart.

BRÜCHER, W. (1982): Das geographische Seminar. Industriegeographie. 1. Auflage. Braunschweig.

DICKEN, P. / LLYOD, P. (1999): Standort und Raum. Theoretische Perspektiven in der Wirtschaftsgeographie. Stuttgart.

KULKE, E. (2004): Wirtschaftsgeographie. Paderborn.

LESER, H. [Hrsg.] (2005): Wörterbuch Allgemeine Geographie. 13. Auflage. München, Braunschweig.

MAIER, G. / TÖDTLING, F. (2006): Regional- und Stadtökonomik 1. Standorttheorie und Raumstruktur. 4. Auflage. Wien, New York.

REICHART, T. (1999): Bausteine der Wirtschaftsgeographie. Stuttgart, Wien.

SCHÄTZL, L. (2003): Wirtschaftsgeographie 1 Theorie. 9. Auflage. Paderborn, München.

http://de.wikipedia.org/wiki/Alfred_Weber/ Abruf am: 20.09.07